AF457552

L'ART DE FAIRE LE VIN,

D'APRÈS LA DOCTRINE DE CHAPTAL.

INSTRUCTION DESTINÉE AUX VIGNERONS:

RÉDIGÉE

PAR ANTOINE-ALEXIS CADET-DE-VAUX,
Membre des Sociétés d'Agriculture de la Seine, de Seine et Oise, du Doubs et des Deux-Sèvres, etc., etc.

PUBLIÉE ET DISTRIBUÉE

PAR ORDRE DU GOUVERNEMENT.

PRIX de la douzaine d'exemplaires :
à Paris, 7 fr. 20 c.; et franc de port, 10 fr. 50 c.

A PARIS,

AU BUREAU DE LA DÉCADE PHILOSOPHIQUE, LITTÉRAIRE ET POLITIQUE, rue de Grenelle, F. G., N° 321, en face de la rue des Pères.

THERMIDOR, AN IX.

LETTRE

DU MINISTRE DE L'INTÉRIEUR,

AU PRÉFET

Du Département de

E vous adresse, Citoyen PRÉFET, *une ouvelle* Instruction sur l'art de faire le vin; *le est particuliérement destinée aux Vignerons, ir c'est cette classe de cultivateurs qu'il importe surtout d'instruire et de bien pénétrer è cette vérité ; que si le meilleur choix des lants de vigne, le sol, l'année influent sur la qualité du vin ; l'art de le bien faire y influe plus spécialement encore, surtout dans les mauvaises années.*

Je m'étais occupé de mon Traité d'Œnologie, dans nos Départemens méridionaux, où la nature fait beaucoup pour la qualité de vins, et rend moins sensible cette influence d l'art : mais les principes que j'y ai établis viennent d'être victorieusement appliqués l'œnologie des environs de Paris ; j'en connai les résultats, et je me suis convaincu que ce vignobles, tout inférieurs qu'ils sont, on donné, cette année, des vins de très-bonn qualité, et dont le prix s'est élevé du cinquièm au quart au-dessus du cours de la tête du vi de ces mêmes vignobles faits par les procéd usités.

En propageant dans votre Département, Citoyen PRÉFET, *l'art d'améliorer les vins, vous accroîtrez l'industrie, la prospérité du commerce, ainsi que l'aisance du vigneron, qui pourra trouver, dans l'augmentation du prix de ses vins, l'acquittement d'une partie de ses contributions. C'est à ces titres, faits pour solliciter votre zèle, que je vous recommande de répandre cette Instruction.*

Je vous salue.

Signé, CHAPTAL.

P. S. *Je vous invite à vous faire rendre compte, dans le courant de l'année, des résul-*

tats qu'on aura obtenus dans votre Département, et de me les communiquer ; car des faits authentiques sont la meilleure de toutes les instructions.

AU CITOYEN

CHAPTAL,

MINISTRE DE L'INTÉRIEUR.

CITOYEN MINISTRE,

JE vous offris votre ouvrage, en vous dédiant ma première *Instruction sur l'art de faire le vin* ; veuillez agréer le nouvel hommage de celle-ci : les vignerons, à qui elle est destinée, en voyant le nom d'un Ministre qui protége les arts utiles avec autant de succès qu'il les cultive, recevront avec plus de confiance les conseils qui leur sont présentés ; ils jouissent des bienfaits de votre administration ; ils ne leur reste plus qu'a recueillir le fruit de vos lumières.

Je suis avec respect,

CITOYEN MINISTRE,

CADET-DE-VAUX.

ANT^{NE}-ALEXIS CADET-DE-VAUX

AUX VIGNERONS.

L'ART de faire le vin est un des premiers que l'homme civilisé ait exercés : cependant cet art est resté dans l'enfance, tout ancienne que soit son origine ; ce n'est guères que depuis un siècle qu'il a fait des progrès sensibles dans les vignobles fameux, dans ces climats où la nature faisant beaucoup pour la bonne qualité des vins, l'art a eu beaucoup moins à faire.

Les Savans à qui sont confiés les progrès des arts, avaient écrit sur tous : l'art de faire le vin était presque le seul qu'ils eussent négligé, parce que, né avec le monde, ils le supposaient dès long-tems perfectionné ; en sorte qu'il n'existait pas de traité sur cet art, lorsque le citoyen CHAPTAL publia l'année dernière, le seul complet que la France possède ; traité dont cette Instruction-ci est le fidèle extrait.

Le citoyen Chaptal, en sa qualité de savant, a consacré ses veilles au perfectionnement des arts utiles, et c'est à lui que l'Empire

Français sera bientôt redevable de l'amélioration de ses vins, la source la plus féconde de sa prospérité, de son industrie et de son commerce; puisqu'il est vrai que la France embrasse une grande étendue de territoire propre à la culture de la vigne.

Le citoyen Chaptal, en sa qualité de ministre de l'intérieur, auquel l'instruction publique est confiée, veut la répandre parmi les classes laborieuses de la société; en est-il une plus laborieuse que celle du vigneron, qui se livre à la plus pénible des cultures? culture qui ne récompense pas toujours le labeur qu'elle exige!

Mais si les saisons exercent une influence malheureuse sur le produit et sur la qualité des vins, l'art au moins peut réparer en partie ces maux.

Il n'y a pas d'années si défavorables; il n'y a pas de vignobles, si médiocres qu'ils soient, dont on ne puisse, par le secours de l'art, obtenir un vin de bonne qualité. — Où la nature fait peu, l'art a beaucoup à faire.

Car ce n'est pas la nature qui fait le vin, c'est l'art: la nature en fournit les matériaux, de même qu'elle offre la pierre pour bâtir; mais c'est l'architecte qui dresse les plans, et ce sont les ouvriers qui élèvent l'édifice.

Le citoyen Chaptal a écrit pour les savans et pour les propriétaires, qui doivent à une éducation libérale d'entendre le langage de la science ; mais il veut aujourd'hui qu'on écrive pour le vigneron : mission honorable dont ce ministre me charge, et dont je m'acquitte avec zèle et reconnaissance.

Cette Instruction je la puise toute entière dans son *Traité sur l'art de faire le vin* ; en sorte que c'est à sa sollicitude et aux lumières qu'il a répandues sur cet objet que vous serez redevables de l'amélioration de vos vins ; fiez-vous en à votre ami : le ministre Chaptal aime les arts et les hommes qui, comme vous, y consacrent leur vie toute entière ; il est l'architecte ; vous, soyez les ouvriers : fidèles aux principes qu'il a établis, vous élèverez l'édifice de votre fortune, qu'accroîtra la meilleure qualité de vos vins ; et ce sera, pour lui, une bien douce récompense de ses veilles ; mais pour parvenir à ce but, il importe que vous renonciez *à ce qu'ont fait nos pères* ; car, en fait de vin, ils ont très-mal fait.

AVERTISSEMENT.

L'ABRÉGÉ qui précède l'Instruction et qui en est le résumé, servira à remémorier ce qu'on y aura lu, de relatif surtout à la manipulation.

Cet abrégé tiendra lieu de l'Instruction à ceux qui ne consentent à donner que peu de tems à la lecture, ainsi qu'à la classe assez nombreuse d'hommes qui attachent une faible importance à la connaissance des principes de l'art qu'ils exercent, et paraissent se borner à en connaître la manutention.

Cet abrégé est suivi de faits. La plus puissante des autorités est celle à laquelle il est impossible de se refuser.

Ces faits sont authentiques, puisqu'ils ont pour témoins les individus des cantons dont il s'agit.

ABRÉGÉ

DE CETTE INSTRUCTION.

Les procédés de l'art de faire le vin consistent dans

La Vendange.
La Fermentation.
Le Foulage.
La manière de bien gouverner la fermentation.
Le Décuvage.
Le moyen d'augmenter la vinosité du vin.

De la Vendange.

La maturité du raisin indique le moment de vendanger.

Cependant il faut bien vendanger, si le raisin ne doit plus mûrir.

Vendanger par un beau tems.

Si on veut un vin blanc et mousseux, on cueille le raisin couvert de rosée ou de brouillard.

S'assurer d'un nombre suffisant d'ouvriers pour emplir sa cuve en un ou deux jours au plus; car ajouter, à une vendange échauffée, une vendange froide, c'est nuire à la fermentation.

Cueillir le raisin le plus mûr.

Réserver pour une cuvée séparée les raisins verts ou pourris.

Ne pas fouler le raisin à la vigne, dans les bachoues, dans les tonneaux où on les transporte. Car le suc vierge ne tarde pas à fermenter, surtout par un tems chaud; et c'est dans la cuve qu'il doit éprouver la fermentation.

On peut égrapper si le raisin est parfaitement mûr, et dans le cas où l'on veut un vin plus délicat et plutôt prêt à boire.

C'est dire qu'on n'égrappe point dans les cas contraires.

De la Fermentation.

La fermentation est le mouvement qui s'excite dans la cuve où est déposée la vendange, ainsi que dans les tonneaux où est déposé le suc du raisin.

Le suc, le jus du raisin se nomme *vin doux*, ou *moût*.

La fermentation exige le concours de l'eau, de l'air, de la chaleur.

Sans ces trois agens, les corps les plus susceptibles de fermentation, ne fermentent point.

Le vin contient constamment assez d'eau, quelquefois trop.

On la fait évaporer, en partie, en faisant bouillir du moût. C'est l'eau qui s'évapore, et la matière sucrée, qui fait le vin, se concentre.

Dans ce cas, où le raisin est trop aqueux, mieux vaut y ajouter de la matière sucrée; cette matière sucrée est le *miel*, le *sucre brut*. Ce qu'elle coûte est compensé par l'économie du tems et du bois qu'exige l'évaporation d'un pareil moût.

Les fouleries sont communément assez aérées.

Les fouleries sont quelquefois trop froides, alors il faut les échauffer, en y faisant du feu.

La fermentation a pour objet de changer le corps qui l'a subi en un autre corps. En effet il y a entre le moût et le vin, la différence du jour à la nuit.

Du Foulage.

On doit fouler exactement le raisin, mais dans la foulerie, au moment de le déposer dans la cuve.

Laver la cuve à l'eau chaude.

Enduire l'intérieur de la cuve de chaux vive éteinte dans de l'eau, surtout dans les vignobles dont le vin est dur, aigrelet, et trop lent à se mûrir. La chaux lui enlève une portion de son acide.

Il y a cent manières de mal faire les choses. Il n'y a qu'une manière de les faire bien.

Voici celle de bien gouverner la fermentation dans la cuve.

De la manière de bien gouverner la fermentation.

Le raisin exactement foulé et déposé dans la cuve, on agitera la vendange avec un rabot de bois à long manche ; ce mouvement excite la chaleur et hâte la fermentation.

Si le raisin n'est pas très-mûr ; — si on a vendangé par la pluie ; — si la saison est froide, la fermentation sera très-longue à s'établir.

Alors on y versera une ou deux chaudronnées de moût tout bouillant ; on remuera bien la masse.

On couvrira sa vendange avec un couvercle fait exprès, ou le faux-fond de la cuve, ou des planches ajustées à cet effet.

Il faut charger le couvercle de poids, de manière que la rafle plonge, à deux ou trois travers de doigt près, dans le moût.

D'abord ce couvercle empêche l'esprit du vin de se dissiper.

En outre, la rafle ainsi plongée dans le vin, il prend une belle couleur. — On n'est pas obligé, pour le colorer, d'employer des fruits sauvages, dont la loi punit l'emploi qu'en fait le vigneron infidelle.

Le vigneron doit à sa conscience, il doit à ses concitoyens de leur livrer le vin le plus naturel; enfin, il doit à l'intérêt de sa famille, à l'honneur de l'industrie et du commerce de son pays de le fabriquer le meilleur possible.

Le couvercle placé, que le vigneron respecte sa vendange, qu'il ne trouble pas la fermentation. — Il peut fermer les portes et fenêtres de sa foulerie, et n'y rentrer que pour décuver.

Quand il rentrera dans sa foulerie, il sera embaumé d'une odeur de vin, d'eau-de-vie; il ne doit y rentrer qu'avec précaution.

Si la lumière y languit, si surtout elle s'éteint, n'y rentrez point, ouvrez les fenêtres, brûlez-y un feu faisant flamme.

Le vin qu'il décuvera, aura la chaleur de l'eau d'un bain.

Il y a une différence de prix du quart au cinquième, entre la pièce du vin de la cuve couverte et de la cuve gouvernée par la méthode vicieuse du vigneron, méthode que voici :

Manière dont le Vigneron gouverne son vin dans la cuve.

Le vigneron, pressé de jouir, vendange toujours trop tôt. — Il hâte le ban des vendanges.

Par une économie mal entendue, il ne sépare pas les raisins verts et pourris d'avec le mûr.

Il est des semaines entières à completter sa cuvée, faute d'un nombre suffisant d'ouvriers.

Il ne foule que quand la cuve est pleine. — Nombre de grains, des grappes même entières échappent au foulage.

Aussi descend-il dans sa cuve, une ou plusieurs fois par jour, pour refouler sa vendange.

Il court le risque d'être suffoqué par l'esprit de sa vendange, et de périr.

C'est faire bien stupidement le sacrifice de sa vie ; car ce foulage qui peut le tuer, *tue* sûrement son vin, par la dissipation de cet esprit qui, faisant le vin, veut être conservé.

Il tire du vin à la canelle et en arrose la surface de sa vendange.

Ce vin, frappé par l'air, exposé à la chaleur de la cuve, aigrit et se convertit en vinaigre.

Aussi le vin du vigneron est en partie vin ; en partie vinaigre.

Rien de plus dégoûtant à l'œil et à l'odorat, qu'une pareille foulerie. — La surface de la vendange est couverte de moisissure, de moucherons, d'insectes. — On est saisi de l'odeur du vin aigri dont le sol est arrosé; et jamais dans une pareille foulerie, vigneron n'a respiré cette odeur balsamique de vin et d'eau-de-vie qui s'exhale des cuves couvertes.

Combien de tems, de peine et de soins perdus pour faire de mauvais vin, pour s'exposer enfin à périr !

Exercer une profession par état, n'est pas une raison pour la bien exercer; cela, au moins, est applicable à celle de vigneron. — En effet, dans les pays vignobles, on préfère constamment le vin bourgeois à celui des vignerons. — C'est souvent un rentier, un homme de loi, un militaire, c'est une femme à laquelle ce genre d'opération paraît devoir être étranger. A quoi tient cette différence? A ceci: C'est que là où il y a plus d'éducation, plus de lumières, il y a moins de préjugés, il y a moins de résistance à acquérir des connaissances. Et la conséquence est qu'alors on fait mieux ce qu'on fait, que l'homme du métier soumis à la routine aveugle.

Quand il décuve, son vin est à peine tiède.

Aussi la fermentation dans le tonneau est-elle lente à reprendre.

C'est surtout, dix ou douze heures, avant de décuver, qu'il croit devoir faire un dernier foulage : c'est alors que, le vin étant fait et souvent plus que fait, il s'en exhale des flots *d'esprit* qui se répandent dans l'air et sont perdus pour le vin. Il tient son vin fait bien bouché, de peur qu'il ne perde ses esprits ; — et le vin qu'il fait il le sasse dans l'air.

Du Décuvage.

On hésite sur le moment du décuvage ; — chaque vigneron a une règle à lui : — il n'y en a qu'une, — c'est le goût ; — le palais est le seul juge du moment de décuver.

Quand la fermentation se ralentit, on tire du vin et on le goûte.

Si, à la saveur piquante d'un vin en fermentation, succède une saveur douce et sucrée, le vin n'est pas fait.

On attend quelques heures ; on goûte de nouveau, et on décuve *quand cette saveur sucrée est peu sensible.*

Car il ne faut pas laisser la fermentation user le vin dans la cuve ; le vin a encore à fermenter dans les tonneaux, pour se parfaire, pour se mûrir.

Si la fermentation de la cuve a usé le vin, comment résistera-t-il à l'impression qu'il éprouve dans le tonneau aux époques de la pousse de la vigne, de sa fleur, de sa maturité? toutes ces époques excitent dans la cuve un mouvement qui n'est qu'une continuité de fermentation. — Image de l'homme laborieux, le vin dépérit du moment où il cesse de travailler, il tend à l'acide. — Qu'il n'épuise donc pas ses forces dans la cuve par une fermentation trop prolongée.

Du Vin, du Pressurage.

Le vin décuvé, on porte le marc au pressoir, — on en exprime, à plusieurs reprises, des vins qui diffèrent en qualité et en couleur.

Si la cuve a été couverte, on peut mêler le chapeau de la vendange et le marc pour les presser et en réunir le vin.

Si la cuve n'a pas été couverte, il faut presser à part le chapeau, — il contient autant de vinaigre que de vin. — Voilà pourquoi dans les petits vignobles le vin a tant de peine à s'éclaircir, et tourne si souvent au bisaigre.

Le vin du chapeau ne peut que faire vinaigre.

Telle est cependant la méthode vicieuse que le vigneron emploie pour faire son vin.

C'est du vin qu'il veut faire, et c'est du vinaigre que souvent il fait, — au moins, en ne couvrant pas sa cuve, est-il vrai qu'une portion de son vin, dont il arrose la surface de sa vendange se convertit en vinaigre, et que le vin exprimé de ce chapeau n'est propre qu'à vinaigrer.

Voilà le cas que la plupart des vignerons font d'un présent consolateur que la nature offre à l'homme pour le soulager dans son labeur, le fortifier dans ses maladies et pour l'aider à oublier quelquefois les peines de la vie.

On vient d'opposer la méthode de bien faire le vin à la méthode vicieuse du vigneron.

Maintenant on va donner le moyen d'augmenter la vinosité des vins faibles, de les rendre plus agréables au goût, — susceptibles de se garder, — d'un débit plus lucratif.

Des moyens d'augmenter la vinosité du vin.

Plus un vin a de vinosité, meilleur il est, mieux il se conserve, enfin mieux il se vend.

Le raisin est de tous les fruits doux et sucrés, celui qui donne le vin le plus spiritueux. — Car on fait du vin de cerise, de groseille, de pêche, d'abricot ; mais ces vins, très-agréables au goût, ont peu de vinosité, si on ne l'augmente pas en y ajoutant de la matière sucrée.

Pourquoi le raisin donne-t-il le meilleur vin ? C'est parce qu'il est, de tous les fruits, celui qui contient le plus de sucre.

La canne à sucre ne donne guères plus de matière sucrée que le raisin bien mûr des pays chauds.

C'est le sucre, le sucre seul qui fait le vin. — Une livre de sucre dissous dans de l'eau, et mise à fermenter, donne environ une pinte d'eau-de-vie. — On tire des îles beaucoup d'eau-de-vie de sucre. — Ainsi, quand on ajoute, sur une cuve de douze pièces de vin, douze, vingt-quatre livres de miel ou de sucre brut (cassonade) on fortifie son vin de douze ou vingt-quatre pintes d'eau-de-vie, mais d'une eau-de-vie faite dans la cuve, et bien préférable à l'eau-de-vie qu'on ajouterait après coup dans le vin fait.—Le vin qui fait son eau-de-vie, est salutaire.—Celui auquel on ajoute de l'eau-de-vie est capiteux.—C'est une véritable falsification.

Le vin, dans les bonnes années, est plus vineux.—Celui des climats chauds l'est constamment ; il l'est au point de donner du quart au tiers en eau-de-vie, tandis que nos vins en donnent à peine un dixième.

D'où vient une aussi grande différence ? De la plus grande quantité de sucre que contient le raisin dans les bonnes années, et surtout dans les pays chauds.

Ajoutez à votre vendange de la matière sucrée, et vous aurez des vins aussi spiritueux que ceux de Bourgogne, même que ceux de Languedoc. — Cela dépend de la quantité que vous ajouterez.

Il ne manquera à un pareil vin que le bouquet. — Ce bouquet se donne aisément. — Trois ou quatre poignées de tonture de pêchers, d'amandier, une poignée de fleurs de sureau sèches, parfumeront une cuve.

La proportion de matière sucrée est relative au vin plus ou moins généreux qu'on veut obtenir. — A l'année qui, plus ou moins froide, aura donné du raisin plus ou moins mûr.

Le raisin a-t-il acquis sa parfaite maturité? — Les vins de votre vignoble sont-ils spiritueux et de garde? N'y ajoutez pas de sucre.

Dans le cas contraire, ajoutez-y en deux, trois livres par pièce de vin, en proportion de l'influence de l'année.

Supposons l'année la plus fâcheuse; du raisin qu'il a fallu cueillir dans l'état de verjus, ce n'est pas du vin qu'un pareil raisin donnera. Eh bien! ajoutez dans ce moût, quatre, cinq livres de matière sucrée par pièce, vous obtiendrez encore un vin de bonne qualité, et susceptible de se garder.

La manière d'employer la matière sucrée, consiste à la faire dissoudre dans une chaudronnée de moût. On la verse toute bouillante dans la cuve. On agite la masse pour y distribuer également la matière sucrée et la chaleur. On couvre sa vendange; on laisse fermenter, et *on ne rentre dans sa foulerie que pour décuver.*

Tel est le moyen de réparer l'influence des mauvaises années. — La nature elle-même nous l'indique. — Enlevez la pellicule du raisin du Midi, vous y trouvez *du sucre blanc* tout crystallisé. — La nature, en le mettant ainsi à nud sous vos yeux, ne vous révèle-t-elle pas son secret? Ne vous dit-elle pas: *C'est avec ce sucre que je fais le vin.*

On se bornera à ces simples notions; elles sont claires, précises: celui qui ne saura pas les apprécier, aura renoncé à l'usage de sa raison, à l'autorité des faits; il sacrifiera vonlontairement son intérêt à la routine, et ce qu'il n'aura pas fait, ses enfans le feront. Car si les vérités utiles sont lentes à se propager, au moins, avec le tems, triomphent-elles de l'opiniâtreté.

Cependant, soyons justes envers les vignerons d'Argenteuil. — Pénétrés de ces principes, si bien établis dans l'ouvrage du ministre Chaptal, j'ai été son organe dans cette commune; les CC. Etienne Chevalier, Colas le jeune; etc., se sont empressés d'adopter la méthode qui vient d'être indiquée, comme étant la seule pour obtenir du bon vin ; ils ont posé des couvercles ; ils ont ajouté de la matière sucrée au moût dans la cuve, et ils ont obtenu des vins d'une qualité et d'un prix très-supérieur à ceux du territoire ; ces citoyens estimables ont fait des expériences de comparaison pour mettre l'ignorance, toujours incrédule, à portée de juger la préférence que mérite cette méthode, et il a bien fallu que l'ignorance le cédât à l'évidence.

DES USAGES ET DE L'ABUS DU VIN.

Le raisin est un fruit très-salutaire, et dont l'usage guérit nombre de maladies de langueur.

Le vin est, de toutes les boissons, celle qui a le plus d'attraits pour l'homme ; en même tems qu'il répare les forces, il convient surtout aux vieillards ; mais la nature n'ayant pas destiné le vin à être la boisson de l'homme, elle n'a dû le lui offrir que comme un remède à ses maux.

L'abus du vin est plus préjudiciable que son usage n'est salutaire. — Au lieu de fortifier, il affaiblit ; il ôte la raison, et conduit à une sorte d'abrutissement ; — enfin, c'est le vice qui dégrade le plus l'homme. — Les maladies, le dépérissement de la santé, la mort sont la suite des excès du vin. — Aussi, les lois de plusieurs Nations, et surtout la religion, ont-elles eu pour objet d'en régler l'usage, et d'en prévenir l'excès.

De l'asphyxie.

L'ASPHYXIE est un état de mort apparente. — Si l'homme n'est pas secouru, il en résulte réellement la mort.

Plusieurs causes frappent d'asphyxie : la vapeur du charbon, la vapeur d'une liqueur qui fermente.

J'ai parlé des accidens auxquels on s'expose lorsqu'imprudemment on descend dans une cuve, ou qu'on entre dans une foulerie, dans un cellier où le vin est en fermentation.

L'esprit qui se dégage pendant la fermentation, contribue à la bonne qualité des liqueurs fermentées ; mais l'air dans lequel il se répand, asphyxie ou tue.

Mieux vaut prévenir un accident que d'avoir à y remédier. — On a indiqué les moyens que recommande la prudence : ils consistent à ne pénétrer là où la lumière languit, qu'après y avoir introduit du feu, surtout un feu de flamme, à en ouvrir portes et fenêtres, pour laisser se renouveler l'air.

C'est à la seule indication du danger, et à la seule indication des précautions à prendre pour les prévenir qu'on devrait borner cette instruction. —

Mais ces conseils préservateurs, fussent-ils inscrits sur toutes les portes des fouleries, il n'en résulterait pas moins des accidens; l'imprudence étant la cause de la plupart des dangers : il y a une sorte de courage aveugle et présomptueux, qui les fait braver, surtout lorsqu'ils ne frappent point les sens.

Celui qu'atteint cette vapeur, est frappé comme de la foudre : il tombe sans respiration, sans mouvement, sans pouls; — c'est l'image de la mort; — c'est une mort momentanée, mais les principes de la vie ne sont que suspendus. — Si on abandonne l'asphyxié à la nature, elle est impuissante, il périt; si on lui administre, sur le champ, des secours, on le rappelle à la vie; c'est une sorte de résurrection.

Les moyens de le rappeler à la vie, sont les suivans :

De le retirer du lieu où il a été asphixié;

L'exposer à l'air libre;

Le mettre nud;

Le placer assis sur une chaise, et de préférence sur un fauteuil, la tête appuyée sur un oreiller;

Ne pas l'environner de trop de monde; on ne respire pas ou on respire un air impur au milieu de plusieurs individus;

Lui jeter l'eau la plus froide au visage;

Frotter tour à tour la surface du corps avec des étoffes de laine rudes et trempées dans de l'eau-de-vie, ou du vinaigre, ou de l'eau salée.

Frotter les tempes avec de l'eau-de-vie.

Porter au fond des narines de petites mouches

de papier trempé dans les liqueurs les plus fortes qu'on pourra se procurer, du vinaigre, de l'eau des Carmes, et de plus irritantes encore que les chirurgiens ont dans leur pharmacie.

Donner un lavement avec une cuillerée à bouche de tabac en poudre.

Introduire dans la bouche du sel en poudre.

Continuer sans se décourager ; car l'état d'asphyxie dure quelquefois plusieurs heures ; et abandonner l'asphyxié, c'est assurer sa mort.

Continuer même dans les premiers momens du retour à la vie ; car souvent il retombe dans son premier état.

Des suites de l'asphyxie.

L'ASPHYXIE enfin a cessée ; mais elle a des suites qui ont l'apparence d'une maladie grave, et elle l'est en effet, si le malade est mal traité.

Traitement des suites de l'asphyxie.

COUCHER le malade.

Le couvrir d'un seul drap.

Tenir les croisées ouvertes.

Donner un vomitif.

Sa boisson sera de l'eau et du vinaigre.

On lui donnera par cuillerées, d'heure en heure, une potion, dans laquelle entrera l'esprit de nitre ou de vitriol dulcifié.

On lui donnera des lavemens composés de tamarins.

On le purgera.

Au moyen de ce traitement, le malade sera guéri au bout de quelques jours.

Surtout qu'on ne le saigne pas ; il y a peut-être des cas, mais ils sont bien rares, où la saignée pourrait être utile ; que le chirurgien soit très-circonspect, et qu'il ne la hasarde pas légèrement.

De la mort.

CETTE vapeur tue quelquefois subitement, surtout si on a l'estomac plein ou gorgé de vin. Alors c'est un mort qu'on a cherché à secourir ; mais comme aucun signe ne peut faire distinguer la mort apparente de la mort réelle, l'humanité fait un devoir, dans cet état d'incertitude, de prodiguer les secours, puisqu'il est vrai qu'il y a des asphyxiés qu'on ne rappelle à la vie qu'au bout de quatre ou cinq heures.

C'est par la constante administration de ces secours, que j'ai rappelé à la vie beaucoup d'asphyxiés qu'on aurait descendu vivans dans le tombeau.

RÉSULTAT

D'EXPÉRIENCES

Faites sur les vins des années sept et huit ; d'après les principes du cit. CHAPTAL.

Cent faits constatent les propositions qu'on établit dans cette Instruction ; mais, comme tous offrent un même résultat, l'amélioration des vins, on se borne à ne citer qu'un petit nombre de ces faits, pour ne pas donner une étendue superflue à cet ouvrage, qui doit avoir au moins le mérite de la brièveté : ils suffiront pour éclairer celui qui n'a pas la présomption opiniâtre de l'ignorance.

DU VIN

FAIT PAR LE Cn. CADET-DE-VAUX,

Dans son domaine rural, à Franconville-la-Garenne, vallée de Montmorency, département de Seine-et-Oise.

La Vallée de Montmorency réunirait tous les avantages, elle serait la terre promise, si son territoire donnait un vin de qualité supérieure ; il n'est pas mauvais dans les bonnes années ; c'est tout ce qu'on peut en dire; mais il est facile de l'améliorer; tel est le résultat des expériences que j'ai suivies depuis deux ans.

La vigne au vigneron: je connaissais ce proverbe; cependant je plantai de la vigne. Convaincu de cette vérité, que, par l'heureuse influence de l'art, on peut obtenir, *dans les vignobles les plus médiocres, de très-bon vin.*

Ce *très-bon* est relatif; car la nature entre pour beaucoup dans la qualité des vins, et tout l'art imaginable ne fera pas du vin de Volney avec les vignes de Surenne.

Mon intention était, en me livrant à cette culture, de suivre des expériences qui dussent éclairer l'art, et devenir, par-là, utiles à mes concitoyens.

A cette époque parut, dans le *Cours complet d'agriculture*, l'article *Vin* du citoyen Chaptal.

Ce *Traité d'œnologie* (art de faire le vin) réunissant et la plus solide théorie et les faits les plus imposans, je crus ne pouvoir mieux faire que de m'y conformer.

Mais avant tout, je publiai un extrait de ce Traité dans la *Décade philosophique;* ensuite je le rédigeai sous forme d'Instruction.

Bien pénétré de l'influence que cette doctrine aura nécessairement sur l'amélioration des vins, je m'en rendis le missionnaire; et j'allai à Versailles, à Argenteuil la préconiser aux vignerons que les autorités constituées avaient réunis à cet effet.

Je n'avais donc plus d'expériences à tenter, mais seulement à m'en tenir aux procédés indiqués dans cet excellent Traité.

En conséquence, ma vendange faite, par le tems le plus favorable, mon raisin exactement foulé, je le mis dans la cuve.

Je commençai par dérober à ma vendange deux pièces de moût-vierge, pour en faire du vin blanc.

Il était naturel de rejeter la rafle de la portion de raisin que j'avais destinée à ces deux pièces; mais, devant ajouter, à ma vendange, de la matière sucrée, je laissai le moût de ma cuve surchargé de cette portion surabondante de rafle.

J'ajoutai, dans la cuve, cette matière sucrée, de la cassonnade, dans la proportion de deux livres et demie par pièce de 250. Elle fut dissoute dans une chaudronnée de moût qu'on versa toute bouillante dans la cuve.

On brassa bien la masse, et on abattit le couvercle sur la vendange, de manière à comprimer, à faire plonger la rafle.

Mon couvercle forme une seule pièce, bandée avec un cercle de fer plat. Il est soutenu, au-dessus de la cuve, par une moufle.

La fermentation ne tarda pas à s'établir; — au bout de six heures elle devint tumultueuse; — elle dura, dans cet état 54 heures. — Je décuvai huit heures après, ce qui fait 68 heures de cuvage.

Les vignerons de Franconville ont laissé cuver de dix à douze jours, et pas un de ces vins-là n'a été aussi vin, ni surtout d'une aussi bell robe que le mien.

La pellicule du raisin, qui contient la parti colorante, et que la pression du couvercle forc de plonger dans le moût, lui a bientôt communiqué toute sa couleur rouge.

C'est surtout un vin coloré que recherchent le vignerons, et leur manière de cuver est un puissant obstacle à sa coloration; aussi ont-ils recour à des vins de teinte qu'ils cultivent exprès, ou : des baies de sureau, de troësne, de raisin de bois

Mon vin, au décuvage, était chaud à 24 degrés du thermomètre, au degré de l'eau d'un bain

J'ai déjà dit qu'au décuvage, le vin des vignerons est à peine tiède.

La foulerie, le vin au décuvage et même at pressoir, répandait une odeur vraiment balsamique, inconnue à nos vignerons, d'après l'état habituel de leur cuve.

Le vin décuvé a été mis dans les tonneaux on venait préalablement de les rincer avec deu: pintes de moût récent, dans lequel on avait fai bouillir une poignée de tonture de pêcher; c'es un *bouquet*, car le bouquet est si facile à donner

Voici une observation très-intéressante, que j développerai avec plus de détail par la suite, e dont on peut faire une utile application.

Sur quatre pièces de vin rouge et sur une de deux de mon vin blanc, j'ai ajouté, au momen où on le versait dans le tonneau, une once et demie de chaux vive récemment éteinte.

Ce vin a différé, sur le champ même, de la manière la plus sensible, du vin auquel on n'avait pas ajouté de chaux. Les dégustateurs ont été frappés de cette différence; je ne les avais pas prévenus de l'addition : ils estimèrent ce vin dix francs de plus par pièce.

Enfin mon vin, bien soigné dans le tonneau pendant tout le cours de la fermentation secondaire, s'est perfectionné.

Les habitans de Franconville, à qui j'en donnai à goûter, se refusaient tous à croire que ce fût du vin de notre territoire; *il était parmi les siens, et les siens ne l'ont pas reconnu.*

Dès l'année précédente, qui avait donné un vin si mauvais dans les vignobles médiocres, j'avais appliqué ces mêmes principes à celui que je fis; on m'offrit trois pièces de vin du pays pour une de ce vin-là; ce qui en tierçait la valeur; mais aussi dois-je dire que le vin de cette année pouvait à peine être qualifié de vin; cependant il avait un prix et se vendait.

Quant à celui de cette récolte-ci, je n'ai point voulu en vendre; convaincu qu'il se gardera aussi long-tems que nos vins de Bourgogne, je le conserve.

Ce vin a été estimé 20 francs de plus que nos vins; et hors du territoire, il eût été estimé moitié en sus; car on sait que les acheteurs ne gâtent pas les vendeurs, et que, dans un même vignoble, ils ne consentent pas à établir une différence sensibl de prix.

Depuis quatre mois, je consomme habituelle ment de ce vin ; et si j'en excepte un épicurien, d mes amis, qui lui a préféré du vin de Bourgogne ce dernier, quand on le présente sur la table, e disparaît sans être goûté, non que mon vin vaill le vin de Bourgogne ; je l'assimile aux vins des plu excellens crûs d'Orléans ; c'est la place que les dé gustateurs lui donnent dans la hiérarchie des vins Mais j'espère qu'il s'élèvera par la suite à une plu haute destinée.

Que les Orléanais y prennent garde. Surenn pourra rivaliser avec eux, graces à l'art qui corrig aussi efficacement la nature ; alors qu'ils recouren à ce même art qui les fera rivaliser avec la Bourgo gne. Mais la Bourgogne ! elle peut, plus qu'elle n fait, surtout quand la nature fait moins, par exem ple, dans les années mauvaises.

Quant à mon vin blanc, je déclare formellemen que, servi concurremment avec du vin de Bour gogne de trois feuilles, non des premiers crûs, il lu a enlevé à l'unanimité, dans une maison étrangère les honneurs de la table. On lui a préféré le mien Un propriétaire de vignoble, commerçant en vin était du nombre des convives, dont aucun n'ava le secret, excepté le maître de la maison.

Je n'obtins pas ce triomphe sans vanité ; car j ne peux point y mettre d'amour-propre, puisqu je n'ai vraiment fait que suivre les principes de l'ar

Mon vin, je l'ai prodigué parmi nos habitans; la majeure partie de nos vignerons et de ceux d'alentour le connaissent. Quand je les rencontre : connaissez-vous mon vin, leur dis-je? et s'ils ne le connaissent pat, je les amène, de gré ou de force, pour *leur faire boire leur jugement et leur condamnation*. Aussi ai-je, sur ce point, cent fois plus de témoins que la loi n'en requiert pour être cru.

D'ailleurs ce que j'imprime ici, je l'ai communiqué aux principaux vignerons de ma commune et à nos autorités constituées; ils me liront, et répéteront *que c'est l'exacte vérité.*

J'ai parlé de propriétaires, de vignerons qui, à Montmorency, à Argenteuil, se sont empressés de suivre ces procédés heureux; je n'en dirai pas autant de ceux de Franconville, et je les excuse. J'avais beau citer le nom Chaptal, ce n'était pas une autorité pour eux; ils connaissent en lui le ministre, se louent de la sagesse de son administration; mais, le savant! ils ne peuvent l'apprécier; l'exemple! voilà l'autorité qui leur impose, encore est-ce avec l'autorité du tems.

Quant à moi, je vis parmi eux; ils me rencontrent dans les rues; mon nom est inscrit, avec le leur, sur le rôle des contributions, et n'y est pas suivi de la qualité de vigneron; de ma vie je n'avais fait de vin. Comment à leurs yeux pouvais-je prétendre le faire mieux qu'eux, *qui en font de père en fils*? tout cela fortifie le proverbe : *nul n'est prophète dans son pays*. J'espère cependant devenir exception à la règle.

Ce vin là est pour eux une instruction meilleur que toutes celles que distribue le Gouvernement. Mais le paquet finit par arriver, quoiqu'un peu tart, à son adresse, quand les propriétaires cultivateurs donnent l'exemple.

Certes ! il y avait un moyen de faire la fortune de cette méthode ; c'était d'en faire un secret ; de m'enfermer bien mystérieusement dans ma foulerie, d'en interdire sévèrement l'entrée à nos habitans ; après les avoir étonnés par la qualité supérieure de mon vin, de fermer l'oreille à leurs questions ; mais de mettre mon jardinier dans ma confidence, pour qu'il eût à trahir mon secret. Il leur eût dit : *mon maître met de la cassonnade dans sa cuve ; il ne foule ne ravale, n'arrose point ; il comprime sa vendange avec un couvercle :* dès-lors chaque cabaret devenait un lycée d'instruction, et la méthode prenait.

Un secret a tant d'attraits pour l'habitant des campagnes ! mais il est trop affligeant aussi d'avoir à tromper, même pour instruire.

Toutefois, comme nos vignerons finissent, en goûtant mon vin, par avoir honte du leur, j'ai d'eux la promesse que, cette année-ci, ils se conformeront à ces principes d'œnologie, dont je me suis rendu l'organe avec tant de zèle et de sollicitude. N'oublions pas leur intérêt que j'ai irrité : j'ai commencé par ranger, de mon côté, les ménagères, en allant dans nos celliers où je portais de mon vin pour le leur faire comparer avec celui de leurs maris ; je leur disais : « Voici vingt pièces de vin ; eh bien !

si votre mari avait voulu consentir à suivre la méthode que j'ai employée, ces vingt pièces, en sortant de votre cellier y laisseraient sur le seuil deux ou trois cent francs de plus. Je divisais ainsi les familles ; *diviser pour régner!* Comment la culture de la pomme de terre a-t-elle pris ? c'est en se la faisant dérober ; il a fallu faire du cultivateur un voleur.

LETTRE DU C. COLAS, JEUNE,

Propriétaire-Cultivateur, à Argenteuil, département de Seine et Oise, au C. CADET-DE-VAUX.

J'AI attendu, Citoyen, que mon vin fût vendu, pour vous annoncer le résultat auquel je suis parvenu, en suivant les procédés que le C. Chaptal nous a indiqués, et que vous nous avez transmis d'une manière si claire, sur l'art de faire le vin.

Faire son vin le meilleur possible, est chose intéressante pour le propriétaire qui le fait et le consomme ; mais pour le vigneron qui le vend, c'est le prix, qu'il le vend, qui le touche le plus.

Mon vignoble de Montmorency est, comme vous le savez, d'un seul morceau, et assez étendu pour une expérience en grand.

Ma vendange a été également distribuée dans trois cuves ; deux ont été abandonnées à la routine du pays, et dirigées par mon vigneron.

J'ai dirigé l'autre moi-même, d'après les procédés que vous avez indiqués, à l'assemblée de nos vignerons, que votre zèle avait provoquée pour propager ces principes.

Je ne vous dirai pas que ma cuve a été couverte ; que j'y ai ajouté deux livres et demie de cassonnade par pièces de vin, etc. etc.

Ma cuve remplie, je l'ai *oubliée* ; j'ai même fait un voyage, pendant lequel on n'y a pas touché ; il pourrait se faire que la prolongation de mon absence ait un peu trop prolongé la fermentation.

Mon vin décuvé a été jugé très-supérieur au vin de mes deux autres cuves, et estimé douze francs de plus que la tête de nos vins.

J'ai fait plus, je l'ai porté à la Halle comme vin de crû d'Orléans, et il y a été vendu comme tel.

Ces procédés si simples me paraissent devoir élever le prix de nos vins de dix à quinze francs ; somme qui est peu de chose sur une pièce ; mais celui qui en a trente dans son cellier, gagnera de 300 à 450 francs de plus qu'il ne gagnerait annuellement ; et combien de frais cela ne couvre-t-il pas !

Voilà, sans doute, le meilleur motif pour propager la bonne doctrine ; et je présume qu'aux vendanges prochaines, un grand nombre de cultivateurs adopteront ces procédés. Je vous salue.

OBSERVATIONS sur les heureux effets de cette amélioration.

Les vins, améliorés par cette méthode, *se sont élevés de prix du quart au cinquième.*

Cette plus-value couvre l'octroi, et remet le cul-vateur dans l'état où il était avant l'établissement e ce droit.

En effet, les vins des environs de Paris ne peu-:nt pas supporter ce prélèvement du droit d'en-ée, sans que cela n'en diminue le prix, au point : ruiner le vigneron; en améliorant ces mêmes ns, il recouvre l'avantage de voir revenir les ache-urs chez lui, et de vendre son vin pour Paris, qui s consomme tous, au lieu d'aller, comme il le it, les colporter dans les marchés, ce qui le déplace multiplie de beaucoup ses frais. Cette amélioration :ut donc revivifier une branche importante de com-unication entre la capitale et ses environs, en ême tems qu'elle accroîtra la fortune du vigneron.

Mais ce n'est pas seulement sur les vins de la ance, que cette doctrine exercera une heureuse fluence; une République, notre alliée, va lui de-oir l'amélioration des siens.

Le C. Petiet, conseiller d'état, ministre extra-dinaire du Gouvernement français dans la Cisal-ne, a senti combien le traité d'œnologie de son ollègue Chaptal, pouvait éclairer l'Italie sur l'art, 1'elle ignore, de faire le vin.

En conséquence, le gouvernement Cisalpin a fait aduire, en langue italienne, l'instruction que je ıbliai l'année dernière, comme présentant, sous ıe forme didactique, l'abrégé de la doctrine du , Chaptal; en sorte que ce savant aura ouvert une ouvelle source de prospérité à cette République.

Et graces à lui, les vins de ces belles contrées pou ront redevenir ceux que la lyre d'Anacréon et d'H race ont jadis célébrés.

OBSERVATION sur une cuve oubliée.

La cuve oubliée dont parle le C. Colas, r rappelle un fait intéressant, que me cita un habita d'Argenteuil ; frappé de cette proposition que j'é blissais, *de respecter la vendange, et de ne jam troubler la fermentation*, cet habitant me dit q sa mère, dans le tems des vendanges, tomba m lade, et vint bientôt à mourir ; cette circonstan fit négliger les soins d'économie domestique, et *cuve surtout fut oubliée ;* elle le fut pendant quin jours, et pendant ces quinze jours-là, combien de fo n'aurait-on pas foulé, ravalé et arrosé la vendange ?

Le père rentra dans sa foulerie, convaincu qu allait ne décuver que du vinaigre ; il ouvre en tre blant la canelle, flaire, goûte ; jamais il n'av obtenu d'aussi bon vin. Ce vin se trouva être sup rieur à tous ceux du pays.

On doit naturellement conclure de ce fait q notre cultivateur a été converti, qu'éclairé par c heureux résultat, il aura été frappé de la nécessi de ne pas troubler l'œuvre de la fermentation ; ma ce trait de lumière ne l'éclaira point ; la routi reprit tous ses droits, et, *continuant à faire com faisaient ses pères*, notre homme, tant qu'il vécu foula, refoula, ravala, arrosa sa vendange, et moitié vin, moitié vinaigre, comme de coutume.

LETTRE DU C. ÉTIENNE CHEVALIER,

Cultivateur à Argenteuil, des Sociétés d'agriculture de la Seine, etc., au C. CADET-DE-VAUX.

CITOYEN, lorsque vous vîntes à Argenteuil pour y enseigner la doctrine du C. Chaptal, je contractai avec vous l'engagement de suivre une expérience de comparaison, en faisant marcher des cuves d'après notre méthode, et une d'après la vôtre. J'en ai publié le résultat dans le journal du département de Seine et Oise; mais vous en desirez de nouveau les détails, et je vous les adresse.

A l'ouverture de nos vendanges, je fis disposer mes cinq cuves.

Quatre furent destinées à faire du vin par la méthode usitée.

La cinquième, à le faire d'après la méthode que vous veniez d'enseigner.

Dans les quatre cuves, je mis le raisin d'élite, celui de mes meilleures vignes.

Vos procédés devant influer d'une manière toute particulière sur l'amélioration des vins, je mis cette cinquième cuve, ainsi que nous en étions convenu, dans la circonstance la plus défavorable à la vinification.

On y déposa le *complant de lune*, raisin qui charge beaucoup, mais dont le vin est de la plus médiocre qualité; on y ajouta les raisins verts et pourris; enfin, je dirais presque le rejet de la vendange.

Je fis fouler au fur et mesure (il n'est question que de votre cuve); lorsqu'elle fut remplie, on posa le couvercle. Au bout *de quatre jours* j'y mis deux seaux de moût cuit, je la recouvris, et elle *resta ainsi treize jours entiers.*

Avant de vous donner le résultat de mon opération, je dois à la vérité de vous faire part d'une crainte que j'eus; la qualité des raisins que j'avais destinés à votre cuve me fit appréhender d'obtenir moins du vin que du vinaigre. Je m'adressai à un vinaigrier de mes amis, homme instruit, qui me tranquillisa sur le succès de l'expérience, et à tout évènement, se chargea de me payer ma cuvée sur le pied de 45 francs la pièce, dans le cas où elle tournerait à l'acide.

Cette crainte, dont je ne vous fis point part dans le tems, prouve combien était inférieur le raisin de notre cuve.

Jugez de ma surprise : lors du décuvage, une odeur exquise, qui s'exhalait de la cuve, annonçait la qualité supérieure de ce vin. Celui de nos pressureurs qui était employé au décuvage, ne put tenir à son poste que vingt-cinq minutes; le gaz qui lui portait à la tête le força à se faire remplacer; mon fils prit sa place; peu après, il éprouva les fumées de ce vin; mais comme le décuvage se terminait, il tint ferme.

Dès que le vin cessa de couler, on découvrit la cuve; elle était de douze muids. Je fis prendre des précautions en ouvrant cette masse de marc; mais l'odeur qui en sortait était celle de vin et d'eau-de-vie ; et elle ne causa pas de suffocation.

Cette odeur s'était répandue dans toute la foulerie, où nos cultivateurs incrédules n'avaient pas tardé à se rendre : ce fut de leur part un étonnement stupide, car ils s'attendaient bien à trouver le marc moisi et mon vin vinaigré. Ils furent étrangement détrompés. Il faut, citoyen, du courage pour tenter des expériences nouvelles ; car jusqu'au succès, on n'a pas les rieurs de son côté.

Ce vin fut goûté et trouvé infiniment supérieur en qualité et en couleur au vin des quatre autres cuvées, composées de mes meilleurs crûs, mais fabriqué par la méthode usitée.

Il fut vendu le premier et comme malgré moi, car j'aurais voulu le conserver, au prix de 54 francs la pièce (jauge d'Orléans). Le cours était alors de 42 à 44 pour les vins des meilleurs crûs ; et je ne sais pas jusqu'à quel degré la méthode usitée aurait avili un pareil vin.

Si j'avais ajouté, dans ma cuve, de la matière sucrée, combien n'aurai-je pas ajouté à la valeur de ce vin ?

Le bruit de cette expérience a attiré chez moi une foule de vignerons, d'amateurs, de commissionnaires et de marchands ; un d'eux m'en a acheté pour rajeunir du vin de Bourgogne vieux et usé, comme étant *franc en goût*, *ferme*, *vineux* et de la *plus belle couleur*.

Je me propose cette année, de soumettre toutes

mes cuves à d'autres expériences encore ; car la théo-rie du cit. Chaptal m'a donné de nouvelles idées lesquelles me conduiront à des résultats certains.

C'est ainsi que les sciences éclaireront la pratique, redresseront les préjugés de la routine vicieuse ; les citoyens qui répandent et propagent les bons principes agricoles, sont vraiment les amis de leurs semblables et du gouvernement. Il est heureux pour l'agriculture de voir un savant recommandable par ses lumières et ses sentimens chargé du ministère des sciences et des arts ; c'est être à sa place.

Voilà, mon cher collègue, le détail succinct de mon expérience ; je me propose bien des choses nouvelles à la prochaine récolte, et en me pénétrant des bons principes, j'ai la certitude de réussir.

OBSERVATION sur cette expérience.

LA manière de diriger la fermentation dans la cuve, et l'addition de la matière sucrée, voilà les deux bases fondamentales de l'amélioration des vins.

J'avais arrêté, avec le cit. Chevalier, l'expérience telle qu'il l'a faite, pour prouver toute l'influence de la bonne méthode du cuvage, sur la qualité du vin. Nombre d'expériences, dont on m'a communiqué, cette année-ci, les résultats, prouvent du reste l'influence de la matière sucrée.

Le cit. Chevalier pourrait avoir commis deux fautes.

Celle de n'avoir ajouté son moût bouillant que le quatrième jour ; la fermentation était commencée ; il a dissipé une partie des esprits par l'agitation de la masse qu'a exigée cette addition trop tardive ; attendre 96 heures ! et mon vin était fait au bout de 68. Il est vrai que j'ai ajouté de la matière sucrée qui a beaucoup ajouté au mouvement fermentescible.

Il a cuvé *treize jours* : tout en se frayant un sentier nouveau, on suit de l'œil le sentier battu, dans la crainte de trop s'écarter ; c'est ce qu'a fait le cit. Chevalier, quoique je connaisse peu de cultivateurs aussi disposés que lui à tenter des expériences. Mais ne prononçons pas sur ce prétendu délit ; car enfin, la qualité supérieure de son vin a passé toute attente, excepté celle du chymiste, qui sait ce que peut l'art.

Le cit. Chevalier prétend qu'il faut cuver longtems les vins du territoire d'Argenteuil ; les vignerons à Franconville, etc., etc. en disent autant.

Oui, certes, il faut en prolonger le cuvage, pour, au défaut de spirituosité, leur donner fermeté et même dureté, sans lesquels ils ne se soutiendraient pas ; c'est la rafle qui leur communique ce corps factice.

Mais qu'on y ajoute de la matière sucrée, alors on peut érafler, et on aura du vin spiritueux, susceptible de se garder, et dont le cuvage pourra se restreindre à trois ou quatre jours au plus.

Je me borne à ce petit nombre de faits ; ils suffisent comme offrant l'application des principes de

l'art, et le concours heureux de la théorie et d
l'expérience. Après avoir cherché à éclairer le
vignerons, il ne nous reste plus qu'à plaindr
celui qui se refusera à l'évidence de cette doctrine

EXTRAIT D'UNE LETTRE

Du citoyen NICOLAS PERRIER,

Propriétaire-cultivateur à Epernay, département de la Marne.

LES savans se plaignent de l'indocilité de l'homm des champs ; ils ont eu raison jusqu'à ce moment mais celui-ci n'avait-il pas le droit de reproche aux savans le trop d'importance qu'ils attachaien à des découvertes oiseuses. Qu'ils répandent la lu mière dans nos ateliers, et on souscrira à leur conseils, on bénira les sciences ; car il n'y a d'esti mable, de véritablement utile que ce qui tend a bien public.

Il était réservé à notre siècle de produire d savans citoyens, qui ne dédaignassent pas de des cendre des hauteurs de la théorie à la pratiqu des arts utiles ; d'appeler les faits en témoignage et de nous révéler les secrets de la prospérité de no campagnes, premier élément de la fortune publique

Notre reconnaissance a déjà consacré à l'im mortalité le nom des hommes qui ont le plu contribué à donner aux sciences cette heureus direction. L'œnologie champenoise surtout n'oublier point que c'est aux travaux du célèbre Chapta qu'elle devra le maintien et l'accroissement de sa splendeur, contre les atteintes données à l'agriculture de ces cantons, par un intérêt mal entendu. Certes, ce n'est pas un faible triomphe que d'avoir ramené sur la ligne des principes, des hommes accoutumés à se traîner dans l'ornière de la routine, qui ne s'en écartaient point sans craindre de s'égarer, ou du moins qui ne pouvaient s'en écarter sans avoir à braver les traits d'une critique aussi amère que déraisonnable; car tel est le malheur de certaines contrées, qu'elles restent enchaînées au préjugé par l'amour-propre même, ce mobile ailleurs si puissant d'émulation et de perfectibilité.

Je n'entreprendrai pas le détail des avantages qu'ont procuré les travaux publiés depuis peu sur l'œnologie. Je me bornerai à en rapporter quelques traits principaux.

La plupart des vins de 1799 étaient faibles, peu colorés; ils approchèrent de bonne heure de l'état acétescent. La lecture réfléchie des principes donna à quelques particuliers l'idée d'en tenter la régénération. Le vin à rétablir fut mis dans des cuves, en fermentation avec du marc de raisins noirs immédiatement exprimés et dont on n'avait pas entièrement épuisé les sucs. La fermentation se manifesta lentement à la vérité; mais au bout de six à sept jours, elle prit un caractère aussi décidé que si elle se fût opérée dans le moût natif. Le mélange, soumis à la presse, donna un vin coloré, assez généreux, mais un peu dur, inconvénient qui ne doit être attribué, sans doute, qu'à l'excès de rafles dont il eût été convenable de dépouiller le marc. Quoi qu'il en soit, l'expérience a offert l'avantage, non-seulement de prolonger la *vie* du vin, mais encore d'ajouter UN TIERS à sa valeur primitive.

En rapprochant les résultats de l'expérience précédente, de la doctrine où l'on établit que dans la pellicule du raisin résident les trois principes aromatiques, astringent et colorant, j'ai cru trouver le germe d'une nouvelle expérience. Une simple réflexion sur la destination différente qu'on donne au raisin dans les vignobles du premier ordre, tels qu'Aï, Mareuil; et ceux du troisième, tels que Vaudière et Vauteuil, me paraît en fournir l'occasion. Dans les premiers, l'usage où sont les habitans de ne tirer que des vins blancs des raisins d'élite, rend inutiles les précieux principes dont la nature les a abondamment pourvus. Dans les derniers; au contraire, on n'obtient qu'un vin *rouge* peu coloré et d'un goût repoussant de *terroir*. L'expérience que je propose aux propagateurs des principes, consistera donc à exprimer immédiatement les sucs des raisins de Vaudière et autres, à les mettre en fermentation avec le marc récent ou non fermenté de raisins d'Aï. Si cette expérience, qui peut s'exécuter dans un intervalle très-court, réussit complettement, elle ne pourrait manquer d'offrir un champ très-vaste à l'amélioration, attendu l'immense quantité de marc à utiliser.

On a établi que le véhicule de la fermentation était plus abondant dans le raisin blanc que dans le noir. Ce principe est encore consacré par l'expérience constante des cantons où s'obtiennent les vins mousseux. A Avise, par exemple, le vin est si effervescent, que dans des années désastreuses, non encore loin de nos souvenirs, plus des dix-sept vingtièmes des bouteilles ont succombé à l'effort du fluide impétueux. On reproche des qualités contraires aux vins d'Aï, qui ne s'obtiennent que de raisins noirs.

Ces vins étaient traités séparément. Ce n'est que depuis quelque tems qu'on suit l'indication de la nature en les alliant. Couronnées des plus heureux succès, les nouvelles doctrines ont tellement fixé les idées sur ce point, que je ne doute pas qu'on ne parvienne bientôt à soumettre aux lois d'une théorie rigoureuse l'examen et la solution d'une question qui intéresse singulièrement l'œnologie champenoise; et semblait être jusqu'alors le domaine d'une divination empyrique, celle de savoir si tel vin *moussera peu*, *beaucoup ou point*.

Un des services les plus signalés qu'aient rendus à nos cantons la nouvelle doctrine œnologique, c'est d'avoir développé la nature du sucre et d'avoir fixé la manière de l'employer.

On ne voyait guère, dans cette précieuse substance, qu'un moyen de suppléer ou d'ajouter à l'*agrément* du vin. On ne paraît pas avoir soupçonné que les sucs de la canne, qui ne diffèrent des sucs du raisin que par des proportions plus riches, pussent encore servir à corroborer les principes des seconds. Dans cette opinion, on n'ajoutait le sucre au vin qu'après la fermentation première, celle qui fait passer la liqueur de l'état de moût à l'état de vin, et toujours le plus tard possible, fondé sur cet adage, que la *mousse corrode le sucre*. Ce qui favorisait encore cette pratique, c'était la coutume dans ces cantons de ne goûter les vins que dans le mois de décembre ou janvier. La routine régnait tyranniquement sur le commun des cultivateurs, et chez les autres, elle luttait encore contre les principes, lorsque l'année dernière, une expérience décisive vint mettre à ceux-ci le sceau de la conviction.

Les demandes innombrables faites pendant les vendanges firent penser que la vente serait rapide, et on ne s'était pas trompé dans cette conjecture, puisqu'elle fut presque entièrement effectuée aussitôt après la mise en tonneaux. On se détermina donc à ajouter le sucre pendant la fermentation première, sans autres vues que de gagner de vîtesse sur l'acquéreur qui devait goûter les vins. Les résultats allèrent beaucoup au-delà des espérances qu'on avait conçues, et à Aï surtout, les vins de la seconde classe, qu'on appelle communément vins de vigneron, s'élevèrent, quoique la récolte ne fût pas médiocre, à un prix jusqu'alors ignoré dans les fastes de notre agriculture.

OBSERVATIONS

Sur l'influence de l'art, même dans nos fameux vignobles.

COMBIEN ne rencontre-t-on pas, dans nos fameux vignobles, de propriétaires qui, énorgueillis de la bonté et surtout du haut prix de leur vin, nient que la science puisse exercer une heureuse influence sur leur amélioration ?

Le cit. Perrier n'est pas un de ces propriétaires-là ; la correspondance suivie qu'il a entretenue avec moi, et dont cette lettre fait partie, prouve combien il croit à l'influence de la science sur l'œnologie, même de nos fameux vignobles ; cette différence d'opinions vient de ce que le cit. Perrier est un homme très-éclairé, et ces hommes-là sont les seuls susceptibles d'instruction. En effet, celui qui sort d'une obscurité profonde, ne peut pas soutenir l'éclat du soleil, il en est aveuglé ; tandis que celui qui a assisté au lever de cet astre, peut le contempler à son midi ; c'est bien-là l'image des ténèbres de l'ignorance : ajoutons, si nous voulons suivre la comparaison, qu'il faut ne rendre à l'un et à l'autre la lumière que par degrés, leur faire tâter les objets qu'ils ne pourraient pas apercevoir : et tel est le but de cette instruction, dont on a écarté la théorie, pour n'y présenter que des manipulations et des faits.

Le cit. Perrier croit, ce dont tout œnologiste es bien convaincu, que la fabrication des vins mousseux de Champagne est fort susceptible de perfection ; on sait qu'en général les amateurs lui préfèrent les vins de cette même province, que la fermentation a complettement vinifiés.

En effet, le vin mousseux contient peu d'esprit beaucoup de gaz : sa verdeur, son piquant ne se corrigent que par l'addition du sucre ; mais comme cette addition se fait postérieurement à la fermentation, le sucre n'ajoute point ou très-peu à la spirituosité de ce vin ; c'est du vin sucré.

Faire cette addition du sucre dans la cuve, pour le soumettre à toute l'action de la fermentation et le convertir en esprit, a été un des objets principaux de notre correspondance sur l'œnologie champenoise. Le cit. Perrier observe combien le résultat a été au-delà des espérances qu'on avait conçues, et il ajoute que les vins de la seconde classe se sont élevés à un prix jusqu'alors ignoré dans les fastes de l'agriculture champenoise.

Il est donc bien démontré que si la science influe essentiellement sur les vins de nos vignobles médiocres, elle n'influe pas moins sur ceux de nos fameux vignobles, surtout dans les mauvaises années, où la nature, infidelle à ses lois, laisse à l'art le droit d'en rétablir l'heureuse harmonie. On n'insistera donc pas davantage sur une proposition qu'appuyé des faits aussi imposans ; car, enfin, la conviction a aussi un terme.

INSTRUCTION

SUR

L'ART DE FAIRE LE VIN.

DU VIN.

LE vin est la liqueur spiritueuse qu'on obtient du suc du raisin soumis à la fermentation.

L'art de faire le vin étant l'objet de cette instruction, on va suivre, dans leur ordre, les diverses opérations de cet art. — On en présentera les vices ; — on en indiquera les meilleures méthodes.

Les opérations de cet art sont :

La vendange ;
L'égrappage ;
Le foulage ;
La fermentation ;
La manière de la bien gouverner ;
La manière vicieuse dont les vignerons la gouvernent ;
Le décuvage ;
Le moyen d'augmenter la vinosité.

DE LA VENDANGE.

Des signes qui indiquent le tems de vendanger.

Le moment de vendanger est celui de la maturité du raisin.

On la reconnaît à ces signes :

La queue de la grappe brunit ;

La grappe devient pendante elle se détache aisément du cep ;

Son grain s'amollit et quitte facilement ;

Sa peau s'amincit et acquiert de la transparence ;

Son suc est sucré, savoureux et poisseux ;

Son amande est formée dans le pepin.

Des signes équivoques.

Tous autres signes sont équivoques ; tels :

La chûte des feuilles, surtout si elle est l'effet de la gelée ;

La pourriture, surtout si elle est l'effet des pluies ou de la froidure.

Mais ces signes indiquent la nécessité de vendanger, quoique ce ne soit pas les signes de la maturité.

Le raisin alors n'est plus susceptible de mûrir : il reste vert et se pourrit.

Du choix du tems.

On doit choisir un beau jour pour vendanger. Laisser dissiper la rosée.

A-t-il plu? Il faut que la terre soit ressuyée, que la grappe soit séchée. Il est à desirer que le terrein soit ressuyé, pour n'avoir pas à redouter la pluie, ce qui interromprait la vendange.

Le déclin de la lune est réputé favorable à la vendange, parce qu'alors, prétend-on, le vin est plus susceptible de garde. Mais il serait imprudent d'attendre cette époque, quand on est sûr de la maturité et d'un beau tems.

Vendanger par la rosée.

Si on veut faire du vin blanc et mousseux, alors on cueille le raisin tout couvert de rosée; on s'oppose même à l'évaporation de cette rosée, en couvrant le raisin de linges humides pour le porter à la cuve.

Vendanger par la rosée, et surtout par le brouillard, augmente la quantité du vin; car c'est de l'eau qu'on y ajoute.

Ainsi, telle vendange qui, après le lever du soleil, n'aurait donné que vingt-quatre pièces de vin, en donne vingt-cinq en vendangeant par la rosée, et vingt-six en vendangeant par le brouillard.

Cette rosée, ce brouillard ne doivent pas être simplement considérés comme de l'eau; l'expérience prouve qu'elle ajoute à la limpidité du vin et augmente la qualité de mousser.

4

Il n'y a que les vins blancs et mousseux q
puissent supporter cette addition de l'eau de
rosée ou de l'eau du brouillard.

De la cueille du raisin.

La cueille du raisin exige la surveillance d
maître ou d'un homme intelligent et exact.

On doit premièrement s'assurer d'un nomb
suffisant d'ouvriers pour completter les cuves, e
un seul jour.

Préférer les femmes aux hommes, et les femm
du pays à des étrangères.

N'y admettre que peu de novices.

Ne point manger dans la vigne. On mange
raisin le plus sucré, et conséquemment le plu
mûr. Les débris de pain et d'autres alimens se trou
vent, par-là, mêlés à la vendange, ce qui lu
préjudicie.

Couper les queues très-court, avec de bon
ciseaux, et point à la serpette; moins encore ave
l'ongle.

Choix et séparation des raisins.

Séparer le raisin sain et mûr, celui qui est l
mieux exposé au soleil, dont le grain est égale
ment gros et coloré; celui, enfin, qui mûrit
la base des sarmens.

Séparer les raisins verts et pourris pour les cuve
à part; leur mêlange altère la qualité du vin.

Vendanger en deux ou trois reprises, pour avoir en meilleure qualité une partie de son vin ; tel est l'usage des bons vignobles.

Introduire également cet usage dans les petits vignobles ; c'est le moyen d'en obtenir de beaucoup meilleur vin.

On doit multiplier les soins là où le raisin mûrissant moins complettement, donne un vin médiocre.

Les raisins verts et pourris, mêlés avec le raisin mûr, éclipsent la bonne qualité du vin.

Vendanger à plusieurs reprises, cueillir le raisin le meilleur pour en faire des cuvées séparées, donne du vin bon, du médiocre ; enfin, un inférieur, qui n'en a pas moins des consommateurs.

Soins que le raisin exige.

POSER le raisin dans les paniers et le déposer dans les bachoues avec précaution.

Ne pas le fouler, ainsi que cela se pratique, dans les tonneaux qui servent à le transporter.

Si, par ce moyen, il occupe moins de place, aussi en extrait-on le suc vierge, qui se perd par la coulure, qui d'ailleurs, vu sa grande maturité, est bien prompt à entrer en fermentation, ce qui l'altère.

De quelques exceptions.

TOUTES règles a ses exceptions. Par exemple, en Champagne on n'attend pas la parfaite maturité du raisin pour les vins blancs, qu'on cherche à obtenir mousseux et piquans.

Il y a des pays où, pour faire le vin blanc, on recueille indistinctement les raisins mûrs et pourris.

Ailleurs, on ne prend que les seuls grains mûrs pour le vin rouge.

Enfin, on mêle quelquefois du raisin vert avec le raisin qui a acquis trop de maturité.

Mais ce sont des exceptions, et nous nous bornerons à établir des principes.

Quand on a les principes, les exceptions les plus heureuses s'en déduisent aisément.

De l'égrappage.

Egrapper, c'est séparer la grappe pour la rejeter de la cuve et la soustraire à la fermentation.

La grappe n'est pas le raisin; elle a une saveur âpre et austère qu'elle communique au vin.

Doit-on ou non égrapper? Cette question est facile à résoudre.

La qualité du raisin, son degré de maturité, la nature de vin qu'on veut obtenir; voilà ce qui doit régler.

Disons d'abord que la grappe seule ne donne pas de vin.

Cependant la grappe augmente généralement par sa présence la vinosité.

Ne pas égrapper.

On ne doit pas égrapper dans les petits vignobles.

Dans les climats humides, parce que la saveur âpre de la grappe y relève la fadeur naturelle de ces vins.

Si les vins sont sujets à graisser.

S'ils se conservent difficilement.

Quand ils sont peu vineux.

Quand la saison est froide ; alors la grappe devient un ferment utile, en donnant à la fermentation plus de force et de régularité.

Lorsqu'on destine les vins à en extraire l'eau-de-vie ; car on vient d'observer que la présence de la grappe augmente la vinosité.

Égrapper.

On égrappe quand la vendange n'a pas acquis toute sa maturité.

Quand la vigne a été gelée ; si on veut obtenir un vin délicat, ce qui lui conserve tout son parfum, toute sa saveur qu'altérerait la présence de la grappe.

Si le climat donne un vin très-généreux, et ayant naturellement assez de corps pour se passer du concours de la grappe.

Lorqu'enfin on veut un vin plutôt prêt à boire ; la saveur acerbe de la grappe donnant aux vins une fermeté qui ne se perd qu'avec le tems.

Égrapper en partie.

On égrappe en partie quand le raisin n'a pas toute la maturité desirable.

Quand on veut ajouter à l'agrément de son vin.

De la manière d'égrapper.

La manière la plus simple et la plus expéditive d'égrapper, est de se servir d'une fourche à trois becs qu'on tourne et agite circulairement dans les tonneaux ou dans la cuve, ce qui ramène à la surface les rafles qu'on retire à la main.

De la Fermentation.

Disons un mot de la fermentation : ce mot sera entendu de quiconque ne sera pas dépourvu d'intelligence ; il le sera surtout de celui qui s'estime assez pour ne pas se condamner à ne travailler que machinalement.

Tout homme doit s'instruire dans l'art qu'il exerce ; pourquoi le vigneron ignore-t-il le sien, lorsque les artisans parviennent bien à apprendre les leurs ? — Le tonnellier sait faire un tonneau, et le vigneron ne sait pas faire de vin.

Faute de ces connaissances, le vigneron est le plus mauvais instrument de son cellier. — La cuve au moins remplit ses fonctions ; il ne remplit pas les siennes qui consistent à bien diriger la fermentation pour en obtenir les meilleurs résultats.

Toute plante verte, détachée de sa tige et mise en masse, fermente ; — mais de cette fermentation il ne résulte qu'acidité et pourriture.

Du foin, en meule, s'il n'est pas bien fanné, ou si la pluie vient à le pénétrer, fermente, s'échauffe souvent même au point de s'enflammer : il en est de même des gerbes de grains entassées encore humides.

De la fermentation spiritueuse.

Les fruits doux et sucrés, cueillis à leur point de maturité, mis en masse, s'échauffent également et fermentent; mais pour donner une liqueur spiritueuse; si leur fermentation est bien dirigée, il en résulte du vin. — C'est ainsi qu'on obtient le vin de la vigne, — ceux de cerises, — de groseilles, — d'abricots, — de pêches. — Le cidre, — le poiré, qui sont les vins de pommes et de poires; l'hydromel, vin excellent que donne du miel étendu dans l'eau et mis à fermenter, etc.

Les grains, tels que le blé, l'orge soumis à la fermentation, donnent aussi le vin connu sous le nom de bierre.

Le pain enfin n'est que le résultat de la fermentation de la farine unie à l'eau. — Toutes les liqueurs spiriteuses, tous les vins donnent, par la distillation, de l'eau-de-vie.

Jusqu'au lait qui, par la fermentation, se convertit également en une liqueur spiritueuse dont on obtient une excellente eau-de-vie.

Il n'y a que les fruits doux et sucrés, on le répète, dont on obtienne des vins ainsi que de l'eau-de-vie.

Si le raisin est, de tous les fruits, celui qui donne le plus de vin et le meilleur vin, c'est parce qu'il est celui qui contient le plus de sucre ; — on aperçoit dans les raisins secs que l'on tire des pays chauds, le sucre blanc tout crystallisé : dix livres de ce raisin donneraient une livre de sucre raffiné.

Définition de la fermentation.

La fermentation est un mouvement qui s'excite de lui-même, à l'aide de l'air, de l'eau et de la chaleur, dans les substances qui viennent d'être désignées.

Des signes de la fermentation.

On reconnaît la fermentation du suc du raisin, du *moût*, c'est son nom, à ces signes :

On aperçoit d'abord des bulles d'air à la superficie du liquide. — Bientôt d'autres bulles s'élèvent du centre, et viennent se rendre à la surface ; — leur passage à travers le liquide agité, produit un siflement.

De la fermentation tumultueuse.

La fermentation augmente surtout si la masse est volumineuse.

Alors on dirait d'un liquide mis en ébullition, — des gouttes s'élancent et retombent, — la liqueur se trouble, tout est confondu, agité ; — des filamens, des flocons, la pellicule, le pepin, la grappe même sont poussés, chassés, élevés, précipités, jusqu'à ce qu'enfin une partie gagne le fond, tandis que l'autre se soulève à la surface et vient y former le chapeau de la vendange. Le volume de la masse augmente ; la liqueur s'élève au-dessus de son niveau. Les bulles qui ne cessent de se dégager, et auxquelles l'épaisseur et la ténacité du chapeau opposent de la résistance, se font jour et produisent une écume abondante. — La chaleur augmente en proportion de l'énergie de la fermentation. — Après plus ou moins de tems le mouvement se ralentit ; la masse reprend son volume, la liqueur s'éclaircit, et la *fermentation tumultueuse* est achevée.

Cette fermentation est l'ouvrage de quelques jours, souvent même de quelques heures.

Son produit est le vin.

De la fermentation silencieuse.

Il y a une fermentation secondaire. — Elle a lieu, non dans la cuve, mais dans les tonneaux ; c'est elle qui perfectionne le vin.

Comme elle est presque insensible, on lui donne le nom de fermentation silencieuse.

Ses produits sont le vin mûri. — La lie qui se dépose au fond des tonneaux. — Le tartre qui se dépose dans tout leur pourtour intérieur.

Dangers de la fermentation.

Une masse de raisin abandonnée à elle-même, aigrirait et pourrirait ; elle ne donnerait pas de vin.

Car ce n'est pas la nature qui fait le vin ; c'est l'art. — La nature n'en donne que les matériaux ; — L'art doit diriger la fermentation.

D'abord elle exige le concours d'agens extérieurs, tels que

L'Eau,

L'Air,

La Chaleur.

De l'eau.

Des raisins secs ne pourraient pas fermenter, parce qu'ils manquent d'eau ; il faut y ajouter de l'eau.

Il en est de même de l'orge qui, sans addition de l'eau, ne ferait pas de bierre.

On ajoute de l'eau au miel, pour en faire l'excellent vin connu sous le nom d'hydromel.

De l'air.

Du moût, enfermé dans des bouteilles parfaitement bien bouchées, restera vin doux ; il ne fermentera pas, parce qu'il manque d'air.

On conserve pendant l'année entière, du vin doux par ce moyen.

Mais, du moment où vous restituez l'air au moût, la fermentation reprend, et avec d'autant plus d'action qu'elle a été plus long-tems comprimée.

De la chaleur.

Ce même moût, exposé dans une glacière, ne fermentera pas, parce qu'il est privé de chaleur; et qu'au terme de la glace, il n'y a pas de fermentation.

L'eau, l'air, la chaleur sont donc les agens nécessaires de la fermentation.

Le raisin cueilli à son point de maturité, contient assez généralement la proportion d'eau requise pour la fermentation.

Cependant, dans des années pluvieuses, où le vin a grossi par excès d'eau, on diminue cette surabondance d'humidité, en faisant bouillir une portion de moût; c'est l'eau qui s'évapore; et la partie sucrée, alors plus rapprochée, donne un vin moins aqueux.

Les cuves ou les tonneaux destinés à la fermentation du vin, doivent être placés dans des fouleries où l'air puisse circuler.

Le vin se fait dans une saison et dans des lieux dont le degré de chaleur suffit pour faire marcher la fermentation.

Toutefois, si la saison était assez froide pour retarder la fermentation, pour en ralentir la marche, on commencerait par brasser fortement la vendange avec un rabot à long manche. Le mouvement excite la chaleur, étonne, désunit les principes du moût, et les dispose à s'ébranler.

On introduirait dans la cuve, une ou plusieurs chaudronnées de moût bouillant; rien de plus propre à accélérer la fermentation, indépendamment de ce que cette méthode contribue à améliorer le vin. — On boucherait ensuite portes et fenêtres; — enfin on mettrait du feu dans le cellier, un poële, un réchaud allumé.

Bientôt alors la chaleur se développe et accompagne la fermentation jusqu'à son terme.

Quelquefois la chaleur est inégalement répandue dans la cuve, et plus forte vers le centre; c'est-là que la fermentation a plus d'activité; — comme il importe que son mouvement embrasse uniformément la masse, alors on brasse la vendange, du centre à la circonférence; mais on ne doit pas trop prolonger l'agitation, pour ne pas dissiper *l'esprit* de la vendange.

On le dissipe surtout quand on descend dans la cuve pour fouler; indépendamment de ce que c'est le comble de l'imprudence; — il n'y a pas d'année qu'il n'en coûte la vie à quelques vignerons. — Le vin vivifie, cet *esprit* de la vendange tue.

Des effets de la fermentation.

Un liquide ne peut pas éprouver un mouvement, une chaleur aussi continue, sans éprouver de grands changemens.

On sait quel changement opère dans la farine sa conversion en pain; de la farine et de l'eau qu'on cuirait feraient une masse pesante, fade, indigeste ; à l'aide de levain, la farine fermente, et cette même farine donne un pain volumineux, léger, excellent au goût et de facile digestion.

Il en est de même du suc du raisin, du moût : au moment où on l'exprime, il a une couleur sale ; il est sans odeur ; sa saveur est douce et sucrée jusqu'à la fadeur. — Si on en boit avec une sorte d'excès, il devient purgatif. — Il ne peut pas se garder dans cet état.

Ce moût a-t-il fermenté ? Il prend une belle couleur rouge. — Son odeur est pénétrante. — Sa saveur est vive et agréable. — En boit-on avec excès ? il enivre. — Il se garde des années entières.

Il n'appartient qu'au savant de remonter à la cause de ces phénomènes ; et il n'appartient qu'à l'homme qui a reçu une éducation libérale, d'entendre le langage de la science.

On se bornera donc ici à observer que toute cette matière sucrée, si abondante dans le moût, a été décomposée pour former la partie spiritueuse du vin, l'eau-de-vie ; — car s'il importe au vigneron de savoir qu'une livre de sucre donne, par la fermentation, environ une pinte d'eau-de-vie, et que, conséquemment, plus il entre de matière sucrée dans le moût, plus le vin en est spiritueux.

On insiste sur ce principe, parce que bientôt on en fera l'application à l'amélioration des vins de qualité inférieure.

Passons maintenant à l'opération qui précède la fermentation; c'est le foulage.

Du Foulage.

POUR disposer la vendange à fermenter, on commence par fouler le raisin.

Cette opération ne doit se faire que dans la foulerie.

On le foule, soit dans des baquets, soit dans une caisse, dont le fond est à claire-voie, placée sur la cuve; soit enfin dans la cuve même.

Il faut que le moins de grain possible échappe à l'action du foulage; il ne faut pas renvoyer au pressoir l'écrasement qui peut se faire au foulage.

Du vin de foulage.

ON obtient un très-bon vin par le procédé que voici:

Fouler dans la cuve, enlever le moût qui surnage, le verser dans des tonneaux et l'y laisser fermenter; soumettre ensuite son marc au pressoir, pour ce moût être mis dans des tonneaux séparés et y fermenter également.

La rafle, sans avoir cuvé avec le moût, lui communique une partie de son principe acerbe et rend ce vin plus susceptible de se garder.

Ce vin est peu coloré. — Il conserve son parfum. — Il est plutôt prêt à boire. — Il tient le milieu entre le vin blanc et le vin rouge; de même qu'entre le vin provenant de raisins égrappés et non égrappés.

C'est le procédé que doivent adopter ceux qui n'ont qu'une petite vendange, ou qui n'en ont pas assez pour completter leur cuvée en un ou deux jours.

De la nécessité de completter une cuvée.

RIEN ne nuit plus à la qualité du vin que l'interruption continuelle de la fermentation, par le versement et le foulage de nouvelles portions de vendange, qu'on apporte froide dans une cuve qui bout, et qui, par-là, perd sa chaleur. — Il en résulte une succession de fermentation qui altère la qualité d'un vin fait ainsi à diverses reprises.

Ce principe est tellement de rigueur, que si la pluie force de suspendre la cueille, il faut s'occuper d'une nouvelle cuvée quand on recommencera à cueillir.

Vin de moût vierge.

QUAND le raisin a acquis une parfaite maturité, le suc s'en extrait avec beaucoup de facilité. — Ce suc donne un vin de choix; c'est le moût vierge.

Pour obtenir ce moût, on porte le raisin au pressoir, et la plus légère pression suffit pour l'extraire. — Alors la grappe ne lui a rien communiqué de sa roideur.

De la disposition des cuves.

AVANT de déposer la vendange dans les cuves, on prend la précaution de les laver à l'eau chaude.

Il y a des vignobles où l'on est dans l'usage d'enduire l'intérieur des cuves d'une ou plusieurs couches de lait de chaux (1).

Le lait de chaux est de la chaux vive éteinte dans de l'eau.

La proportion de chaux doit varier depuis environ une once jusqu'à deux par pièce de deux cent quarante.

Si la cuve contient douze pièces, il faut que son enduit absorbe d'une livre à une livre et demie de chaux vive.

La chaux sert à enchaîner l'excès d'acide qui, dans certains vignobles, dans certaines années, rend le vin dur, acerbe, et même aigrelet.

Toutefois on doit préférer d'ajouter la chaux dans le tonneau, au moment où on y dépose le vin qu'on décuve.

Notre raisin est dans la cuve; voyons maintenant la manière de l'y gouverner, pour en obtenir le meilleur vin que ce même raisin puisse donner.

De la manière de gouverner la fermentation.

LE raisin foulé et mis dans la cuve, on l'agitera avec le rabot, on couvrira la cuve avec un couvercle fait exprès et suspendu avec une poulie en moufle au-dessus de la cuve, — ou avec le faux fond de la cuve, — ou avec des planches, dont les bouts portent sur un cerceau assujetti dans l'intérieur de la cuve; — ou, enfin, avec des planches mobiles posées sur la vendange si les cuves sont trop petites pour que la surface de la vendange atteigne le rebord du couvercle.

Car il faut que le couvercle comprime la vendange et force, par sa pesanteur, la rafle à plonger dans le moût, non pas en totalité, mais à deux ou trois travers de doigt près; si le couvercle n'est pas assez pesant, on le charge de poids.

Si ce sont de simples planches qui forment le couvercle, elles sont mal jointes; on y remédie en les couvrant de paillassons, ou, enfin, d'une couverture; car une des conditions essentielles pour faire de bon vin, est de ne pas laisser évaporer *l'esprit* de la vendange, et le couvercle remplit ce premier objet.

Il remplit un second objet assez important; c'est de colorer le vin; la robe d'un vin dans lequel plonge ainsi la rafle est constamment belle et bien préférable à celle que lui donnent les vins de teinte ou les sucs de ces fruits sauvages, que la mauvaise foi du vigneron introduit dans le vin.

Le couvercle posé, on respectera la vendange; on ne la troublera, on ne l'agitera point. On peut fermer la porte du cellier pour n'y rentrer qu'au décuvage.

Le moment du décuvage arrivé, on tire le vin;

il a le degré de chaleur de l'eau d'un bain ; sa robe est superbe ; il conserve tout son bouquet ; son goût est piquant, mais franc et agréable.

On traitera tout-à-l'heure du décuvage ; mais, avant, il est bon de comparer à cette manière que nous prescrivons de gouverner la fermentation, celle des vignerons ordinaires.

Méthode du Vigneron.

La méthode des vignerons réunit tous les vices ; ce qu'ils font est diamétralement opposé aux principes.

Les vignerons, toujours pressés de jouir, hâtent constamment le banc des vendanges.

Vu la disposition et l'éloignement des héritages, ils sont des semaines entières à emplir leurs cuves.

La maturité n'est pas la même, en raison de la différence du site de leurs vignes ; cependant ils les cueillent à la même époque ; — ils confondent, par l'économie la plus mal entendue, le raisin vert et pourri.

Ils foulent la cuve presque comble, en sorte que des grains, des grappes entières échappent au foulage.

Des fermentations partielles et successives ont précédé la fermentation de la masse. — Celle-ci est à peine commencée, que le vigneron descend dans sa cuve, une, deux et souvent trois fois par jour, pour refouler.

Il soutire du vin par la canelle, et en arrose la superficie de sa vendange.

Sa cuve n'a point de chaleur.

Son vin ne prend point de couleur.

Tout *l'esprit* de la vendange s'évapore.

Il lui en coûte des peines et une grande perte de tems.

Celui qui ne peut pas suffire à cette besogne, prend des gens de journée ; le tout, pour *tuer* son vin.

On ignore si c'est du vin ou du vinaigre qu'il prétend faire ; car le vin qu'il soutire, pour arroser la superficie de la cuve, étant un vin fait, ne peut plus que se convertir en vinaigre. Aussi une pareille cuvée est-elle un mélange de vin et de vinaigre.

Quand il décuve, son vin est à peine tiède.

Comment pourrait-il obtenir de la chaleur dans une cuve que refroidit ce refoulage, cet arrosement continuel ?

Le chapeau de la vendange, ce chapeau que la nature a destiné à conserver l'esprit du vin, rompu à mesure qu'il se forme, laisse échapper cet *esprit*.

Entrez dans une pareille foulerie, tous vos sens sont désagréablement affectés ; la vue, par la saleté de la cuve et de son pourtour arrosé de vin.

L'odorat, par l'aigreur de ce vin répandu sur le sol.

Le goût, par la saveur vapide que laisse dans la bouche l'air que vous respirez.

Les insectes, qu'on rapporte de la vigne avec la grappe dans laquelle ils étaient logés, et les moucherons inondent les bords de la cuve et la surface de la vendange.

Qu'on compare cette foulerie à celles où le vin fermente dans des cuves couvertes. Dans celles-ci il règne la plus grande propreté. — C'est une odeur agréable d'eau-de-vie dont on est frappé; — pas un insecte, ils y ont péri; — pas un moucheron; ils n'oseraient franchir le seuil de la foulerie, qui est plus ou moins remplie de cette vapeur que ni couvercle, ni couverture ne peuvent retenir. — Vapeur qui tue ou asphyxie les hommes et les animaux qui la respirent.

Aussi, est-il prudent, avant de s'introduire dans une foulerie, dans un cellier où le vin fermente dans les tonneaux, de tenir portes et fenêtres ouvertes; d'y introduire une chandelle allumée; si la flamme s'éteint ou seulement languit, il faut attendre que l'air soit renouvelé.

Quelquefois même, on est contraint à brûler de la paille, du sarment, des bourrées, pour chasser cette vapeur dangereuse et attirer l'air de l'extérieur.

Du Décuvage.

Le décuvage a pour objet de soustraire à la fermentation tumultueuse de la cuve, le vin, qui ne pourrait que s'y altérer par son séjour prolongé.

Car le vin exige une fermentation secondaire; fermentation lente, insensible.

La fermentation tumultueuse a désuni les principes constituans du moût pour les convertir en vin.

La fermentation secondaire combine les principes du vin.

Le moment de décuver tient assez généralement le vigneron dans l'état d'incertitude.

Est-il tems ? n'est-il pas tems de décuver ? On hésite, on consulte, et communément on décuve trop tard.

Cependant le décuvage a des règles certaines ; on va les établir.

Pour décuver, l'un attend qu'il n'aperçoive plus de mousse à la surface.

L'autre, que le vin qu'il tire ne laisse plus élever de bulles dans sa tasse.

Celui-ci agite le vin, le transvase pour chercher cette mousse, ces bulles, et, s'il les aperçoit, il ne décuve point.

Celui-là prétend juger par la couleur de son vin ; comme si la confection du vin dépendait de sa coloration.

Le vin sera toujours assez coloré, si on a comprimé la rafle dans le moût, à l'aide d'un couvercle.

Tous ces signes sont donc équivoques ; s'y confier, c'est trop attendre pour décuver.

Nous avons deux fermentations, la fermentation tumultueuse, qui a lieu dans la cuve, et la fermentation secondaire, qui a lieu dans le tonneau.

Si on laisse la fermentation tumultueuse parachever le vin, qui ne doit l'être que par la fermentation secondaire, que deviendra ce vin dans le tonneau? lorsqu'au printems le bourgeon de la vigne s'élancera, lorsqu'elle entrera en fleur, lorsque le raisin tournera; car, à chacune de ces époques, le vin travaille, il s'y excite un léger mouvement de fermentation, qui, en combinant ses principes, complette la vinification.

Un pareil vin, qui se trouvait être en quelque sorte usé quand on l'a décuvé, ne peut pas soutenir le travail qui l'attend dans le tonneau; — alors il graisse ou il s'aigrit.

Le tems du décuvage.

Si le raisin a acquis sa parfaite maturité, — s'il est doux et sucré, — si la vendange s'est faite par un tems chaud, — si la cuvée a été complettée dans le jour, — si on couvre la cuve, — si la masse de la vendange est considérable, alors la fermentation tumultueuse ne tardera pas à s'établir, et trois ou quatre jours lui suffiront.

Elle sera plus lente, si les circonstances faites pour la favoriser n'existent pas.

On ne peut donc pas fixer le tems que le vin doit rester dans la cuve, parce que cela tient à des conditions pour la plupart indépendantes du vigneron, telles que maturité, chaleur, etc.

Les vins fins de Bourgogne, connus sous le nom de vins de primeur, cuvent peu; six, et tout au plus douze heures, leur suffisent.

Les vins mousseux de la Champagne ne cuvent guères que vingt-quatre heures.

Mais, dans tous les cas, que la fermentation tumultueuse ait été plus ou moins de tems à s'établir, plus ou moins active, on doit décuver aux signes que voici :

Le palais est le seul juge du moment de décuver.

En conséquence, quand la fermentation se ralentit, on tire du vin et on le goûte.

Si au goût piquant qu'a le vin qui fermente, succède un goût doux et sucré, il faut prolonger le cuvage.

Au bout de quelques heures, on goûte de nouveau, et quand cette saveur sucrée ne sera que peu sensible, décuvez.

Le vin n'est pas encore fait; mais c'est dans le tonneau que la vinification doit s'achever.

Rappelons-nous ce qui vient d'être dit; il ne faut pas laisser le vin se completter dans la cuve; il s'y userait.

Il faut en excepter le vin qu'on veut distiller sur le champ; on peut en laisser completter la fermentation dans la cuve.

Du Sur-moût.

Le vin qui occupe le milieu de la cuve est le surmoût; c'est le vin le plus léger et le plus délicat.

Du vin du pressoir.

QUAND le vin est soutiré, on porte le marc au pressoir, à l'aide duquel, on obtient encore une quantité assez considérable de vin, qu'on nomme de pressurage.

On le réunit souvent au vin de décuvage. — Ce vin est moins tendre que le sur-moût. — Il est plus coloré.

Vin des tailles.

ON taille le marc et on le presse de nouveau, jusqu'à trois fois, ce qui fait les vins de première, seconde et troisième taille.

Le vin de première taille est le plus coloré et le plus fort.

Le vin de la deuxième taille participe des vins de la première et de la troisième.

Le vin de la troisième taille est plus dur, plus âpre et plus vert, à raison de l'impression de la rafle.

Le vin de ces trois tailles, mêlé, fait un vin très-coloré, très-ferme, et par cela même plus durable. — On les réunit souvent, dans les petits vignobles, avec les vins de décuvage.

Mais dans les bons vignobles, et même dans les vignobles inférieurs, où l'on recherche la qualité, on distingue exactement ces vins.

Du vin du chapeau.

Si on a couvert sa vendange, si la rafle a baigné dans le vin, la portion de la superficie est égale au marc, et on peut les mêler pour les soumettre au pressoir.

Dans le cas contraire, il faut séparer ce chapeau pour le pressurer séparément.

Cette portion qui est resté exposée à l'air, souvent couverte de moisissure, est en partie convertie en vinaigre.

Ce vin deviendra promptement un vinaigre de bonne qualité.

Ceci prouve combien on a eu raison de dire que le vigneron, par sa méthode vicieuse de foulage et décuvage, faisait vin et vinaigre.

On conçoit combien ce vin exprimé du chapeau doit altérer le surplus de la cuvée. — Ce vin devient le levain de la fermentation qui donne le vinaigre.

Les vins faibles ne peuvent pas supporter ce mêlange de vin exprimé du chapeau sans s'aigrir, et c'est-là, sans que le vigneron s'en doute, la raison pour laquelle tant de vin tourne à l'aigre dans les celliers.

Des détails relatifs au vin dans les tonneaux.

On ne parlera pas de l'attention qu'exige le choix des tonneaux ; — de la manière d'y gouverner le vin ; — du soutirage ; — de la clarification ; — de la conservation des vins , etc. , etc.

Ces détails donneraient trop d'étendue à cette instruction. D'ailleurs , le vigneron a sur ces divers objets une expérience qui paraît lui suffire.

Ce n'est que dans les vignobles , dont la délicatesse du vin le rend plus susceptible des plus légères altérations, qu'on donne à ces détails une grande importance.

Des maladies du vin.

On ne traitera pas , d'après les motifs qu'on vient d'énoncer, des maladies des vins , telles que

La Graisse ,
L'Acidité ,
La Fleur ,
Le Goût de fût.

Il en est de la santé du vin comme de celle de l'homme , les plus délicats sont les plus sujets aux maladies; les plus robustes en connaissent moins. De plus , il est rare dans les petits vignobles de conserver son vin; communément il est peu susceptible de garde. — Ces vins n'étant pas assez vineux. Nous allons donner le moyen d'ajouter à leur vinosité.

De la vinosité.

La bonne qualité du vin ne dépend pas uniquement de la manière de le faire. — Mais cette manière y contribue beaucoup plus que ne l'imagine le vigneron. — Il accuse son sol, son climat. — C'est lui qu'il doit accuser, s'il n'obtient pas de meilleur vin.

On sait que le terrein, l'exposition, la culture, l'année, le climat enfin ont une grande influence sur la vigne ainsi que sur ses produits.

Les vins des pays chauds, plus spiritueux, donnent jusqu'à un tiers d'eau-de-vie, tandis que les vins des petits vignobles en donnent à peine le dixième.

Voilà sans doute une grande différence; à quoi tient-elle? A une seule cause que voici:

Le plus de maturité du raisin.

Dans les bonnes années, le raisin a complettement mûri.

Dans les climats chauds, cette maturité est plus constante.

Voilà pourquoi dans les bonnes années on fait du meilleur vin, et dans les climats chauds on le fait constamment bon.

Comment la maturité influe-t-elle aussi essentiellement sur la qualité du vin? Parce que le soleil, en mûrissant le raisin, y développe la matière sucrée, et en plus grande quantité dans les climats où le soleil a plus d'action; aussi le suc du raisin de ces contrées est-il poisseux de sucre; ces raisins, en se dessèchant, laissent crystalliser un vrai sucre, semblable à celui que la canne à sucre donne.

C'est donc le sucre, le sucre seul qui fait le vin.

Une livre de sucre dissous dans l'eau et mis à fermenter, donne une pinte d'eau-de-vie. — On tire de nos îles beaucoup d'eau-de-vie de sucre.

Du miel étendu dans de l'eau, mis à fermenter, donne un excellent vin et une grande quantité d'eau-de-vie.

Avec le suc de verjus, qui est très-acide, et du sucre, on fait de bon vin.

Il en est de même de la groseille qui, fermentée avec le sucre, donne un excellent vin.

La conséquence à tirer de ces principes, est que :

Dans les climats où la chaleur du soleil développe faiblement la matière sucrée du raisin, il faut y en ajouter.

Dans les années où le raisin ne mûrit pas, ou mûrit mal, il faut y en ajouter encore davantage.

Voici comment se fait cette addition : — On fait dissoudre dans une chaudronnée de moût, la quantité de matière sucrée qu'on doit mettre dans sa cuve; — on l'y verse toute bouillante; — on agite, pour distribuer également dans la masse cette matière sucrée et la chaleur; — on pose le couvercle sur la vendange, pour ne rentrer à la foulerie qu'au moment du décuvage.

Cette matière sucrée, c'est le sucre, la cassonade; c'est le miel.

La quantité doit varier selon l'année, selon le climat.

Elle varie de deux à quatre livres par pièce de trois cents pintes.

L'année est-elle bonne ? le vin se garde-t-il habituellement bien dans votre territoire ? a-t-il assez de vinosité ? n'y ajoutez point de matière sucrée. — Toutefois en y en ajoutant, votre vin n'en sera que plus vineux, plus agréable.

Ajoutez-en dans les cas contraires, et, plus ou moins, proportionnellement au défaut de maturité.

Supposons une bien mauvaise année ; le raisin n'a pas mûri ; il est gonflé d'eau. Son suc sera très-peu sucré, lent à fermenter.

On n'obtiendra d'un pareil raisin, qu'un vin sans couleur, âpre, acide, sans bouquet, qui ne s'éclaircira pas ; enfin, qui ne passera pas l'année. — Un pareil vin n'aura pas même le mérite de faire de bon vinaigre.

Dans une autre cuvée de ce même raisin, ajoutez quatre à cinq livres de miel ou de cassonade par pièce, et vous aurez un vin qui fermentera promptement, agréable, vineux, coloré ; il se conservera pendant plusieurs années, et s'améliorera par la garde. — Vous doublez la valeur d'un pareil vin.

On conçoit que l'habitant des campagnes hésite à faire une pareille avance, surtout vu la cherté actuelle du sucre et du miel ; mais la paix, qui va ranimer le commerce et diminuer le prix de ces matières, lui permettra, par la suite, l'adoption de ce procédé.

Si le vigneron savait combien il améliorerait des vins de faible qualité par ce moyen-là, il n'hésiterait point à l'employer, malgré la cherté de ces denrées.

Le vigneron hésitera plus encore par l'effet de ses préjugés. Tel introduit dans sa cuve un sac de graines de moutarde ; tel autre, de l'alun ; celui-ci, de la cendre ; celui-là, de la chaux, qui tous se refuseront à l'addition du sucre et de la chaux vive (*).

On termine ce chapitre par répéter que

Le sucre fait le vin ;

Les fruits ne donnent de vin qu'autant qu'ils sont sucrés ;

Plus ils contiennent de sucre, plus ils sont vineux ;

C'est le soleil qui fait le sucre.

Quand le climat, l'année privent le raisin de matière sucrée, on doit y en ajouter,

Le sucre que contient naturellement le raisin est le même que le sucre ordinaire.

(*) Je retrouve dans mes notes que la chaux doit être ajoutée dans le vin au décuvage plutôt que dans la cuve même ; elle agit dans le tonneau d'une manière bien plus efficace.

FIN.

TABLE.

LETTRE DU MINISTRE DE L'INTÉRIEUR AUX PRÉFETS DES DÉPARTEMENS, *page* iij
ÉPITRE DÉDICATOIRE, vij
ANTOINE-ALEXIS CADET-DE-VAUX AUX VIGNERONS, 1
AVERTISSEMENT, 4
ABRÉGÉ DE CETTE INSTRUCTION, 5
De la Vendange, ibid.
De la Fermentation, 6
Du Foulage, 7
De la manière de bien gouverner la fermentation, 8
Manière dont le Vigneron gouverne son vin dans la cuve, 10
Du Décuvage, 12
Du Vin, du Pressurage, 13
Des moyens d'augmenter la vinosité du vin, 14
DES USAGES ET DE L'ABUS DU VIN, 18
De l'asphyxie, 19
Des suites de l'asphyxie, 21
Traitement des suites de l'asphyxie, ibid.
De la mort, 22
RÉSULTAT D'EXPÉRIENCES *faites sur les vins des années sept et huit, d'après les principes du cit. CHAPTAL*, 23
DU VIN FAIT PAR LE CITOYEN CADET-DE-VAUX, *dans son domaine rural, à Franconville-la-Garenne, vallée de Montmorency, département de Seine-et-Oise*, ibid.
LETTRE DU CITOYEN COLAS, jeune, *propriétaire-cultivateur, à Argenteuil, département de Seine-et-Oise, au cit.* CADET-DE-VAUX, 31
OBSERVATIONS *sur les heureux effets de cette amélioration*, 32
OBSERVATIONS *sur une cuve oubliée*, 34
LETTRE DU CITOYEN ÉTIENNE CHEVALIER, *cultivateur à Argenteuil, des Sociétés d'agriculture de la Seine, etc., au citoyen* CADET-DE-VAUX, 35
OBSERVATIONS *sur cette expérience*, 38
EXTRAIT D'UNE LETTRE DU C. NICOLAS PERRIER, *propriétaire-cultivateur à Épernay, département de la Marne*, 40
OBSERVATIONS *sur l'influence de l'art, même dans nos fameux vignobles*, 45

INSTRUCTION SUR L'ART DE FAIRE LE VIN. — DU VIN, 47
DE LA VENDANGE. — *Des signes qui indiquent le tems de vendanger,* 48
Des signes équivoques, ibid.
Du choix du tems, 49
Vendanger par la rosée, ibid.
De la cueille du raisin, 50
Choix et séparation des raisins, ibid.
Soins que le raisin exige, — De quelques exceptions, 51
De l'Egrappage, — Ne pas égrapper, 52
Égrapper, — Égrapper en partie, 53
De la manière d'égrapper. — De la Fermentation, 54
De la fermentation spiritueuse, 55
Définition de la fermentation, 56
Des signes de la fermentation, ibid.
De la fermentation tumultueuse, ibid.
De la fermentation silencieuse. — Dangers de la fermentation, 57
De l'eau. — De l'air, 58
De la chaleur, 59
Des effets de la fermentation, 60
Du Foulage. — Du vin de foulage, 62
De la nécessité de completter une cuvée, 63
Vin de moût vierge, ibid.
De la disposition des cuves, 64
De la manière de gouverner la fermentation, ibid.
Méthode du Vigneron, 66
Du Décuvage, 68
Le tems du décuvage, 70
Du Sur-moût, 71
Du vin du pressoir. — Vin des tailles, 72
Du vin du chapeau, 73
Des détails relatifs au vin dans les tonneaux, ibid.
Des maladies du vin. — De la vinosité, 74

FIN DE LA TABLE.

www.ingramcontent.com/pod-product-compliance
Ingram Content Group UK Ltd.
Pitfield, Milton Keynes, MK11 3LW, UK
UKHW022119190726
13855UKWH00003B/949